BEI GRIN MACHT SICH IHR WISSEN BEZAHLT

- Wir veröffentlichen Ihre Hausarbeit,
  Bachelor- und Masterarbeit

- Ihr eigenes eBook und Buch -
  weltweit in allen wichtigen Shops

- Verdienen Sie an jedem Verkauf

Jetzt bei www.GRIN.com hochladen
und kostenlos publizieren

Meike Knop

Island. Daten, Fakten, typische Eigenarten der Isländer und touristische Potenziale des Landes

GRIN Verlag

Bibliografische Information der Deutschen Nationalbibliothek:

Die Deutsche Bibliothek verzeichnet diese Publikation in der Deutschen National-
bibliografie; detaillierte bibliografische Daten sind im Internet über http://dnb.d-
nb.de/ abrufbar.

Impressum:

Copyright © 2000 GRIN Verlag GmbH
Druck und Bindung: Books on Demand GmbH, Norderstedt Germany
ISBN: 978-3-640-43517-3

Dieses Buch bei GRIN:

http://www.grin.com/de/e-book/136281/island-daten-fakten-typische-eigenarten-
der-islaender-und-touristische

Island – Vorstellung des Landes unter besonderer Berücksichtigung der typischen Eigenarten der Isländer und der touristischen Potenziale des Landes

Eingereicht von:

Meike Knop
Seminar: Humangeographie – Europa
Universität Trier
Studiengang: Fremdenverkehrsgeographie

Inhaltsverzeichnis / Gliederung :

1.Landesüberblick

1.1Allgemeine Daten

Island ist mit einer Fläche von 102.829 km^2 die zweitgrößte Insel Europas , vergleichbar mit der Fläche von Bayern und Baden–Württemberg. Sie befindet sich im Nordatlantik , kurz unterhalb des Nordpolarkreises , die kürzeste Entfernung zum nächstgelegenen Land beträgt 287 km bis Grönland. Der Staatsname lautet Lýdveldid Ísland ,die Amtssprache ist isländisch. Das Staatoberhaupt Òlafur Ragnar Grimsson regiert die demokratisch – parlamentarische Republik seit 1998 von der Hauptstadt Rejkjavík (mit 100.000 Einwohnern an der Südwestküste gelegen) aus. Als wichtigste Außenhandelspartner Islands sind die EU, USA und Japan zu nennen , die Währung sind isländischen Kronen .[1]

1.2. Naturräumliche Vorraussetzungen und Landschaftsform

Island ist eine junge Vulkaninsel , durch ihre Lage im `Hot Spot´, dem stark aktiven Teil der Mittelatlantischen Schwelle zwischen eurasiatischer und amerikanischer Platte, entstand sie durch Anhäufung basaltischer Laven durch Vulkaneruption seit 16 Millionen Jahren.[2]

Die Küstenlänge wirkt mit 4970m – für die Gesamtfläche gesehen – relativ lang , was aber durch die Fjordlandschaften zu begründen ist , aus denen der Norden , Osten und Westen der Insel zum größten Teil besteht. Der Hvanadalshnúkur ist mit 2119 m die höchste Erhebung auf Island , auch ist insgesamt ein eher bergiges Profil zu erkennen , so liegen 25% der Fläche tiefer als 200 m und 58% höher als 600m.[3]

Nicht ohne Grund wird Island sowohl als `Eisland´ ( Bsp.:engl.= Iceland ) , als auch als `Feuerland´ bezeichnet . Die Bezeichnung `Eisland´ leitet sich eindeutig von den Gletschern her , die 10 – 15 % der Landesoberfläche ausmachen. Dementsprechend wirkt es nicht erstaunlich , daß es auf Island (trotz seiner recht geringen Größe) neunzehn Hauptströme gibt , wobei das Wasser , das zumeist unter Gletschern hervorspringt , oft eine milchig – weiße Farbe aufweist , was auch das isländische Wort für Fluß ,` Hvítá´, geprägt hat , dessen Übersetzung soviel bedeutet wie `weißer Fluß´.

Im Gegensatz dazu jedoch gilt Island auch als `Feuerland´ , was in Anbetracht seiner mehr als 140 Vulkane durchaus eine berechtigte Namensgebung ist. Über 30 der Vulkane sind heute noch aktiv , so daß man auf Island durchschnittlich alle fünf Jahre einen Vulkanausbruch verfolgen kann.

---

[1] MICROSOFT (1998):Encarta Weltatlas 1998.
[2] GLÄSSER, Ewald ; A. Schnütgen (1986): Island.-Darstadt.
[3] GOTT Mál (1995): Island -Ein Land mit vielen Möglichkeiten.-Rejkjavík.

Ebenfalls zu der Bezeichnung `Feuerland ´ tragen die zahlreichen Thermalgebiete mit ihren über 800 größeren `heißen Quellen´ und deren Förderung von ca.1200 Litern ,um 75°C warmen , Wasser pro Sekunde bei . Hierzu zählen auch die Springquellen, die größte wurde `Geysir´ genannt und war somit Namensgeber für Springquellen im Allgemeinen.

Die Oberfläche Islands setzt sich aus 50% Ödland ,24% landwirtschaftlicher Fläche, 15% Gletschern ,12% lavabedecktem Land und nur 1%Prozent kultiviertem Land zusammen.[4]

1.3 Klima und Vegetation

 Obwohl nahe am Polarkreis gelegen , weist Island ein für seine Lage recht mildes Klima auf , was mit den Irmingerstrom , einem Ausläufer des Golfstromes zu begründen ist , der die Insel von Süden her kommend im Uhrzeigersinn umstreift. Durch den Einfluß dieses Stroms ist Island überhaupt erst bewohnbar , er entfaltet sich allerdings nur im Küstengebiet. Der Sommer auf Island ist kurz und relativ kühl und der Winter recht lang , aber mild. Die Niederschlagsmenge ist im Gebirge an der Südküste am höchsten und nimmt Richtung Norden ab , das Wetter ist meist sehr wechselhaft.[5]

Nur ein Fünftel der gesamten Fläche Islands ist mit Vegetation bewachsen , insbesondere Waldgebiete sind so gut wie nicht vorhanden. Zwar war Island früher nicht , wie viele andere europäische Länder , fast ganz von dichtem Wald bewachsen , allerdings gab es wesentlich mehr bewaldete Gebiete als heute. Die Ursachen dieses Rückganges sind bei der Besiedlung durch die Wikinger zu suchen , die die Wälder abholzten. Allerdings war und ist das Holz , das auf Island wächst , nicht zum Schiffs- oder Häuserbau geeignet, da es zu dünn und schwach ist, es wurde hauptsächlich zum Heizen benutzt. Heutzutage verhindert die Beweidung großer Flächen durch Schafe, die die jungen Bäume abfressen , das Wiederaufforsten.[6]Abgesehen von den spärlichen Waldgebieten trifft man auf Niedermoorwiesen , Zwergstrauchheiden , sowie Moos- und Flechtentundra.

Das einzige einheimische Landsäugetier ist der Polarfuchs , mit der Zeit wurden europäische Haustiere eingeführt , so verbreiteten sich Nerze , die aus Zuchthäusern entkommen waren, schnell und besiedelten die Insel. Zudem gibt es bedeutende Vogelvorkommen und hin und wieder werden Eisbären auf Eisschollen angetrieben, werden aber meist sofort getötet. [7]

---

[4] SCHUTZBACH,Werner (1985): Island – Feuerinsel am Polarkreis.-Bonn.
[5] WISNIEWSKI, Winfried (1997): Reiseführer Natur – Island.-München.
[6] JANTZEN, Friedrich (1980):Island in Farbe.-Stuttgart.
[7] GOTT Mál (1995): Island -EinLand mit vielen Möglichkeiten.-Rejkjavík.

2. Demographische Daten und Bevölkerungsstruktur

Auf Island leben circa 270.000 Menschen , diese Zahl ist vergleichbar mit den Einwohnerzahlen der Städte Karlsruhe oder Mönchengladbach. Aufgrund der relativ großen Fläche ergibt sich somit eine Einwohnerdichte von 3 Einwohnern pro km^2 , dabei handelt es sich um die geringste Europas und eine der niedrigsten der Welt.[8]

Die Bevölkerungszunahme beträgt 1,2% im Jahr , bei den Isländern handelt es sich um eine junge Bevölkerung , 25% der Personen sind jünger als 15 Jahre , was eindeutig mit der für ein europäisches Land extrem hohen Fruchtbarkeitsziffer zusammenhängt.

Es existiert ein umfassendes Sozialsystem , welches die kostenlose Inanspruchnahme von medizinischen Einrichtungen beinhaltet , so liegt die Kindersterblichkeit bei nur 0,5 % , während die Lebenserwartung mit 78 Jahren (Frauen 81 Jahre ; Männer 76 Jahre) die höchste der Welt darstellt.[9]

Bis 1950 konnte man auf Island einen Frauenüberschuß verzeichnen , der auch heute noch in Rejkjavík vorherrscht ,während es im Landesdurchschnitt nun 2 % mehr Männer gibt , so ist der Männerüberschuß in einigen dünn besiedelten Gebieten sehr hoch.

Die allgemeine Schulpflicht besteht für Isländer im Alter von 7 bis 15 Jahren , neben Englisch und Dänisch wird Deutsch als dritte Fremdsprache unterrichtet. Aufgrund der sich entvölkernden Gebiete auf dem Lande und des Bevölkerungswachstum in den Städten wurde die isländische Bildungspolitik gerade nach 1945 stark herausgefordert , allerdings reagierte man mit einer umfassenden Bildungsreform genau richtig , daraufhin wurden auch im ganzen Land neue Schulen und Internate gebaut , die Kinder aus den abgelegenen Dörfern waren bis dahin von umherreisenden Lehrern provisorisch unterrichtet worden.

Die isländische Bevölkerung setzt sich zusammen aus 96% Isländern , 1,3 % Dänen und einigen Schweden , US-Amerikanern und Deutschen.

Heutzutage herrscht auf Island Religionsfreiheit , doch die Zwangsreformation aus dem Jahre 1550 ist noch deutlich zu erkennen an den 95% Protestanten , denen nur 3% Katholiken und 2% Konfessionslose gegenüber stehen , es gibt außer der christlichen keine andere Konfession auf der Insel. Die Kirche spielt heutzutage im Alltag oberflächlich gesehen eine eher geringe Rolle und hat wenig Einfluß , ist aber als Faktor einer historisch-kulturellen Identität noch überall präsent.[10]

---

[8] MICROSOFT (1998): Encarta Weltatlas 1998.
[9] EUROSTAT (1996): Portrait der Regionen.-Luxemburg.
[10] SEIDENFADEN, Fritz; T. Skarstad (1981): Schule am Rande Europas.-Gießen.

3. Bevölkerungsentwicklung

<u>3.1.Geschichte Islands</u>

Bereits Ende des 8. Jhdt / Beginn des 9.Jhdt. siedelten erstmals irische Mönche auf Island , die jedoch mit Beginn der Landnahmezeit 847 – 930 verschwanden . Während jener Zeit flohen mehrere norwegische Großgrundbesitzer mitsamt ihren Familien und Gesinde vor König Harald I.Schönhaar nach Island. Der erste von ihnen , Ingolfúr Arnarson , baute sein Haus an genau jener Stelle , an der heute die Hauptstadt Rejkjavík steht.

Schon im Jahre 930 , man schätzt , daß zu dieser Zeit etwa 30.000 Personen auf Island lebten , wurde das weltweit erste Parlament , das sogenannte Althing , gegründet . In den letzten zwei Wochen im Juni trafen sich die Bewohner der Insel in der Thingbucht , um Gesetze zu erlassen und Recht zu sprechen .

Eben dieses Althing beschloß im Jahr 1000 , daß die Isländer die christliche Konfession annehmen sollten , es   fand somit eine unblutige `Christianisierung ´statt , die mit der Errichtung von zwei Bischofssitzen untermauert wurde. Ebenfalls im Jahre 1000 entdeckte ein Isländer , Leif Eiriksson , Amerika .

Anfang des 13. Jhdt. kam es zu Fehden unter den Großgrundbesitzern , so daß Island – aufgrund seiner geschwächten Position – 1262 unter die norwegische Krone fiel. Da Norwegen wiederum 1380 unter dänische Vorherrschaft geriet , erging es Island nicht anders.

1550 setzten die Dänen gegen großen Widerstand der Isländer die Reformation durch und enthaupteten den letzten katholischen Bischof Arason , der auf der Insel noch heute als Nationalheld gilt.

Das 18. Jhdt. war das mit Abstand schlimmste für die isländische Bevölkerung , da sie nicht nur der Ausbeutung und Unterdrückung durch die Dänen ausgesetzt waren , sondern es zudem noch zu einigen starken Vulkanausbrüchen kam , die dementsprechende Klimaveränderungen mit sich brachten , so daß die Ernten eingingen und das Volk verarmte.

Als besonderes Datum der isländischen Geschichte ist noch das Jahr 1703 zu nennen , in dem auf Island die weltweit erste genaue Volkszählung mit Erfassung der Namen , des Alters und der Berufe der Bevölkerungszugehörigen stattfand.

Nach dem 18. Jhdt. ging es dann auch für Island wieder bergauf , so wurde 1843 das zuvor entmachtete Althing wieder eingesetzt , 1847 erhielt Island eine eigene Verfassung und Verwaltung , 1918 die volle Souveränität und letztendlich wurde am 17. Juni 1944 die Republik Island ausgerufen.[11]

<u>3.2.Bevölkerungsentwicklung / - verteilung</u>

Das charakteristische Merkmal der demographischen Entwicklung Islands sind die starken Schwankungen der Bevölkerungszahlen. Gegen Ende der Landnahmezeit , um 930 , zählte Island ca. 30.000 Einwohner , die Zahl stieg bis zum Jahr 1200 auf ca. 80.000 Personen an. Aufgrund von Pest , Pocken und Naturkatastrophen verringerte sie sich allerdings in den folgenden 200 Jahren wieder auf 40.000. Im Jahr 1703 wurden bei der weltweit ersten , genauen Volkszählung 50.358 Menschen mit Namen und Berufsangabe registriert. Hierbei fällt auf , daß es extrem wenige Kinder sowie auch ältere Menschen gab , was mit der hohen Kindersterblichkeit und der geringen Lebenserwartung in dieser Zeit zu begründen ist.

Bis 1786 nahm die Zahl der Bevölkerung wiederum bis auf 38.400 ab , dies war insbesondere die Folge von erneuten , schweren Naturkatastrophen , es kam häufig zu Vulkanausbrüchen und Erdbeben , die viele Menschenleben forderten. So kamen 1783/84 durch den Vulkanausbruch der Laki-Spalte mit 12 ½ km^3 Lavaausstoß, dessen bläulicher Dunst bis in den vorderen Orient zu sehen war und dessen Staub ein Jahr lang die Sonne nicht zum Vorschein kommen ließ, rund 10.500 Menschen ums Leben. Aufgrund dieser extremen Naturereignisse kam in Dänemark sogar der Vorschlag auf , die gesamte isländische Bevölkerung nach Jütland umzusiedeln.

Ab 1786 jedoch nahm die Bevölkerungszahl stetig zu , abgesehen von einer Auswanderungswelle in den Jahren 1870 bis 1900. Kurz zuvor hatte sich eine große Vulkaneruption ereignet , der eine Klimaverschlechterung folgte , viele Felder waren für mehrere Jahre unproduktiv geworden . Daraufhin beschlossen etwa 6000 Isländer vorwiegend in die USA und nach Kanada auszuwandern.

Seitdem verzeichnet die isländische Bevölkerungszahl ein stetiges Wachstum , was mit dem Wandlungsprozess durch wirtschaftlichen Aufschwung und die technologisch-industrielle Entwicklung zu erklären ist. Mit ihr trat allerdings auch eine starke Abwanderung aus den peripheren Gebieten in den Raum Rejkjavík ein . Lebten 1896 noch 89% der Isländer auf einzelnen Gehöften , so waren es 1982 nur noch 10% , so daß heute nur noch 15-20% des Landes bewohnt sind und der Anteil der Stadtbevölkerung bei über 90% liegt. Dank einer neuen Raumordnungspolitik wird der weiteren Abwanderung und somit der Entleerung des Landes entgegengewirkt , heutzutage sind die besiedelten Räume in Südwestisland und den inneren Fjordräumen im Norden und Osten zu finden. [12]

---

[11] GOTT Mál (1995): Island – Ein Land mit vielen Möglichkeiten.-Rejkjavík.

4. Wirtschaft

Es gibt drei Merkmale , die die Wirtschaft Islands kennzeichnen , dabei handelt es sich um die geographische Lage des Landes , die gringe Größe des inländischen Marktes und die mangelnde Diversifizierung der wirtschaftlichen Tätigkeit

Die verschiedenen Anteile am Bruttoinlandsprodukt Islands haben sich in den letzten Jahrzehnten deutlich verlagert , so beträgt der Anteil der früher dominierenden Landwirtschaft nunmehr nur noch 17% , während der Dienstleistungssektor aufgeholt hat und heute mit 62% die führenden Rolle übernimmt , das produzierende Gewerbe weist einen Anteil von 21% am Bruttoinlandsprodukt auf.

Das Bruttosozialprodukt liegt bei 26.580$ (1996) , somit findet sich Island im weltweiten Vergleich auf Rang neun wieder .

Auch die niedrige Inflation von weniger als 2 % und die relativ geringe Arbeitslosenquote von 3,6 % (1998) unterstützen den Eindruck von einer stabilen Wirtschaft. [13]

Die geographische Verteilung des Einkommens ist ausgewogen , wenn man einen Durchschnitt von 100 als Indexzahl annimmt , so beträgt das Einkommen in dem Wahlbezirk mit dem höchsten Einkommen auf der Insel 109,1 und weicht damit nicht extrem von Index ab , ebensowenig wie das Einkommen im Wahlbezirk mit dem geringsten Einkommen , das hier bei 93,5 liegt.

Auffällig unter den Zahlen zur Wirtschaft Islands ist die der Arbeitsstunden pro Woche , sie ist mit 46 Stunden extrem hoch , zudem sind die Isländer auch Saisonarbeit gewohnt , was mit den jahreszeitlichen Schwankungen sowohl im Fischereibetrieb als auch in der Tourismusbranche zu begründen ist.

Aufgrund der niedrigen Einwohnerzahl Islands ist es nicht verwunderlich , daß über 70% der Betriebe nur einen oder zwei abhängig Beschäftigte aufweisen.

Weltweit gesehen hält Island in Bezug auf die Anzahl der Gewerkschaftsmitglieder die Spitzenposition , 81 – 84 % der Beschäftigten hier sind Mitglieder einer Gewerkschaft.

Mit Blick auf die Zukunft ist davon auszugehen , daß der Anteil der Landwirtschaft an der Wirtschaft noch weiterhin abnehmen wird , während der der Fischerei wahrscheinlich konstant bleiben wird. Neben dem Tourismus ist es die elektronische Industrie , insbesondere die aluminiumverarbeitende (aber auch alle anderen energieaufwendigen), die ihren Anteil weiter ausbauen wird , da noch ein großes Potential an ungenutzter Energie vorhanden ist.[14]

---

[12] GLÄSSER, Ewald; A. Schnütgen (1986): Island.-Darmstadt.
[13] FISCHER (1998): Weltalmanach '99.-Frankfurt a.M..

5. Verhältnis / Einwirkungen der Bevölkerung auf die Natur

Da der größte Teil Islands von unproduktivem Boden bedeckt ist und circa 4/5 der gesamten Fläche nicht bewohnbar ist , blieben den Isländer nur Flußtäler und Fjorde, um zu siedeln und von hier aus den mächtigen Naturgewalten zu trotzen, ihr Verhältnis zur Natur wird am besten in folgendem Zitat wiedergegeben:[15]

" The Icelanders are a people shaped not so much by their natural environment as by their determination to overcome it ."[16]

Aufgrund der sehr geringen Besiedlungsdichte des Landes von nur 3 Einwohnern pro km^2 findet man auf Island kaum Umweltverschmutzung, so können die Isländer ihr Grundwasser ungefiltert und -gereinigt trinken. Da kaum Pestizide benutzt werden , was darauf zurückzuführen ist , daß die Landwirtschaft hauptsächlich Grünfutter für die Tiere anbaut , kennt man auf Island auch hierzulande verbreiteten Ereignisse , wie zum Beispiel den `Sauren Regen´ , nicht.

Bei einem Gang durch Rejkjavík wird dem Besucher auffallen , daß 90% der Häuser keine Schornsteine besitzen. Das liegt daran , daß auf Island 86% aller Häuser , sowie sämtliche Gewächshäuser , mit Thermalenergie beheizt werden. Noch haben die Isländer die ihnen zur Verfügung stehende Energie nicht vollständig genutzt , aber es gibt Pläne , mehr energieintensive Industrie anzusiedeln.[17]

Es gibt allerding auch ein Problem , daß sich den Isländern in Bezug auf ihr Verhältnis zur Natur auftut : zur Zeit ist nur ein Prozent der gesamten Fläche Islands bewaldet , was zu größeren Bodenerosionen führt . Der Hauptgrund für die geringe Waldfläche liegt in der Beweidung großer Flächen des Inlandes durch Schafe , die die Setzlinge fressen. 1985 gab es auf Island 712.000 Schafe , sie werden zu Beginn des Frühjahres in das Inland getrieben und bleiben dort unbeaufsichtigt , bis sie im Herbst wieder zurückgeholt werden.

Da sie aber für die Isländer aufgrund ihres Fleisches und der Wolle wirtschaftlich eine sehr große Bedeutung haben , ist es nicht möglich , die Schafmengen zu verringern.

In den letzten Jahren legt man allerdings großen Wert auf Forstwirtschaft und die Erhaltung der Natur , hierfür hat man mehrere Baumschulen gegründet und Schutzwälle um bestimmte Aufforstungsgebiete gebaut , um die Schafe am Eindringen in diese Bereiche zu hindern.

---

[14] EUROSTAT (1996): Portrait der Regionen.-Luxemburg.
[15] SCHUTZBACH, Werner (1985): Island-Feuerinsel am Polarkreis.-Bonn.
[16] GRIFFITHS, John C. (1969): Modern Iceland.-London.
[17] EUROSTAT (1996): Portrait der Regionen.-Luxemburg

Außerdem wurden in der letzten Zeit insgesamt rund 10% der gesamten Fläche Islands zu Naturschutzgebieten erklärt.[18]

6. Was macht den Isländer aus ? / Eigenarten der Isländer

Isländer sind sehr stolz auf ihre Kultur und haben ein stark ausgeprägtes Geschichtsbewußtsein. Das mag daher rühren , daß kein anderes Volk auf der Welt so genau Bescheid weis über seine Geschichte wie die Isländer. Die Begebenheiten während der Besiedlung des Landes in der Landnahmezeit sind in den sogenannten `Landnamabóks´ (= Landnahmebücher ) nachzulesen und über die Erzählungen und Schicksale hervorragender Männer seit der Landnahmezeit berichten die `Sagas´, die lange Zeit mündlich überliefert und dann Ende des 12. Jahrhunderts aufgeschrieben wurden. Diese Sagas sind sehr wichtig für die Isländer , da sie auch heute noch teilweise Leitbilder für das Volk beinhalten , in ihnen wird – wenn auch idealisiert – berichtet , wie wichtig Klugheit, Gerechtigkeit und Ansehen waren . So ist es auch verständlich , daß die Isländer ein gesundes Maß an Selbstbewußtsein aufweisen und Unabhängigkeit sehr groß geschrieben wird.

Auch das , durch Präsidentenerlaß geschaffene , Staatsemblem spiegelt die Geschichten / Sagen wieder , so stellt es die Geschichte des Zauberers dar , der sich – auf Befehl des Dänenkönigs Harald Gormsson – in einen Wal verwandelte , um die Verhältnisse in Island zu erkunden. Jedesmal jedoch , wenn er sich einer Seite der Insel näherte , wurde er von Ungeheuern vertrieben , auf einer Seite von einem Stier , dann von einem Geier , gefolgt von einem Drachen und letztendlich von einem Bergriesen. Diese vier Schutzgeister halten auf dem Emblem die isländische Flagge , die mit dem Kreuz und ihren Farben zum einen das Christentum und zum anderen die Landschaft (rot für Vulkane , blau für das Meer und weiß für die Gletscher) repräsentiert. Das Emblem ist sehr aussagekräftig , da es nicht nur den Drang nach Selbständigkeit und die Unbeliebtheit der Dänen – unter deren Herrschaft die Isländer lange zu leiden hatten –, sondern auch die Wichtigkeit von Mythen für die isländische Gesellschaft wiedergibt.[19]

Angeblich soll es auch heutzutage noch vorkommen , daß der geplante Verlauf einer zu bauenden Strasse verlegt wird , wenn man davon erfährt , daß sie ansonsten über einen Elfenhügel verlaufen würde. Die Mythen sind weit verbreitet in Island und rühren daher , daß sich die ersten Siedler die gewaltigen Naturereignisse nicht wissenschaftlich erklären konnten . So griff man auf übernatürliche Mächte zurück , um sich die Phänomene zu

---

[18] JANTZEN, Friedrich (1980): Island in Farbe.-Stuttgart.
[19] JANTZEN, Friedrich (1980): Island in Farbe.-Stuttgart.

erklären , zum Beispiel ging niemand an Springquellen vorbei , ohne `dem Teufel ins Maul zu spucken´ und es herrschte allgemein besondere Angst vor dem Vulkan Hekla , der als Tor zur Hölle angesehen wurde .[20]

Auf Island gibt es nicht viele berühmte Bauten , die die Geschichte wiederspiegeln könnten , und so kann eine Aussage der damaligen Präsidentin Islands , M.Fimbogadóttir , verstanden werden , die davon sprach , daß für Isländer die isländische Sprache die Kathedrale der Vergangenheit sei.Die isländische Sprache ist eine der ältesten lebenden Sprachen Europas. Während sich die , zu Zeiten der Landnahme , in ganz Skandinavien einheitlich gesprochene Sprache im Laufe der Zeit in Dänisch , Schwedisch , Norwegisch und Finnisch wandelte , behielt man auf Island aufgrund der isolierten Lage und des Kulturlebens des Volkes das Altnorwegische bis heute bei.

Die Pflege der Sprache ist auf Island sehr wichtig , sie ist beinahe frei von Fremdwörtern (es wurde sogar ein Institut gegründet , das für moderne Fremdwörter , wie z.B. für `Computer´ , neue isländische Ausdrücke bildet) und so kommt es , daß die Isländer auch heute noch die im 12. Jahrhundert geschriebenen Sagen im Original lesen können.[21]

Ohnehin galt das Lesen bis vor wenigen Jahren als die liebste Freizeitbeschäftigung der Isländer , es wurde aber in letzter Zeit von dem TV verdrängt. Nichtsdestotrotz liegt die Alphabetisierungsrate mit 100% an der Weltspitze und die Einschulungsquote ist ebenfalls nirgendwo sonst auf der Erde so hoch wie hier. Das ist dadurch zu begründen , daß den Isländern Bildung , Literatur und Dichtung sehr wichtig sind.

Das isländische Alphabet besitzt zwei zusätzliche Buchstaben , zum einen das p , das auch in `Alping´ vorkommt , und zum anderen das     , beide werden wie das englische `th´ ausgesprochen .

Die erste eingewanderte Bevölkerung in Island setzte sich sowohl aus Skandinaviern als auch aus Kelten von den britischen Inseln zusammen. Da die Skandinavier die Machthaber waren , ist die Kultur hauptsächlich skandinavisch geprägt , man findet aber auch keltische Einflüsse. In Eigennamen , Ortsnamen und einigen Gedichten der Sagen sind keltische Ausdrücke nachgewiesen worden , und auch die Isländer weisen keltischen Züge auf , so ist der Anteil an dunkelhaarigen Personen hier deutlich höher als in anderen skandinavischen Ländern.

Eine Besonderheit in Island ist die Namensgebung : jeder Isländer , selbst der Präsident, wird nur mit seinem Vornamen angesprochen , da es keine offiziellen Nachnamen gibt. Ein Familienname kann gebildet werden , indem an den Vornamen des Vaters der jeweiligen

---

[20] SCHUTZBACH, Werner (1985): Island – Feuerinsel am Polarkreis.-Bonn.

Person , dem Geschlecht entsprechend , entweder die Endung – dóttir (Tochter) oder –son (Sohn) gehängt wird. Die Isländer betrachten den Namen als persönliches Eigentum , deshalb wird er auch bei einer Heirat beibehalten .[22] Das ist außerdem in Anbetracht der Tatsache , daß auf Island jede dritte Ehe geschieden wird und es viele Pflegekinder und uneheliche Kinder gibt , eine günstige Handhabung. Pflegekinder aus der eigenen Familie aufzunehmen ist eine Sitte , die in Island eine lange und ununterbrochene Tradition hat.

Den Anstrengungen der Bevölkerung ist auch der hohe Lebensstandard im Land zu verdanken , so ist in der Zeit von 1901 bis 1972 das Nationaleinkommen pro Kopf um das 7,5 fache gestiegen , der Verbrauch sowie die Verteilung von Gütern höheren Lebensstandards entsprechen denen anderer westeuropäischer Länder. Insbesondere der Wohnungsbau und – komfort hat sich stark fortschrittlich verändert , während die Isländer jahrhundertelang in spartanischen Verhältnissen in Torfhäusern lebten , besitzen heute 80 % der Bevölkerung ein eigenes Haus mit einer durchschnittlichen Wohnfläche von 120 m².[23]

Obwohl der Staat Island keine Armee besitzt , was auch in Anbetracht der Bevölkerungszahl logisch erscheint , ist er doch Mitglied der NATO. Diese Tatsache ist dadurch zu begründen , daß die USA nach dem zweiten Weltkrieg Truppen auf Island , das während des kalten Krieges eine geographisch günstige Lage bot , stationierte. Außerdem absolvierten amerikanische Astronauten auf Island , in dem zentralen Wüstengebiet Odádadhraun , Akklimatisierungstrainings zur Vorbereitung auf die Mondlandung. Als Gegenleistung für die Bewilligung der Stationierung durch das isländische Parlament erklärten sich die Vereinigten Staaten bereit , Island im Falle eines Angriffes zu verteidigen. Die Stationierung der amerikanischen Soldaten begründet auch den Anteil von US-Amerikaner an der Bevölkerungsstruktur und an den Touristen .[24]

In ihrer Freizeit campen und reiten die Isländer gerne , insbesondere die Einwohner von Rejkjavík nutzen die Wochenenden für kurze Campingausflüge in die Umgebung. Das Reiten hat auf Island eine besonders lange Tradition und auch heute noch sind einige Stellen des Landes am besten mit dem Pferd zu erreichen.[25]

Das Islandpferd , während der Landnahmezeit von den Norwegern mit auf die Insel gebracht , beherrscht im Gegensatz zu anderen europäischen Pferden , noch die beiden zusätzlichen Gangarten Paß und Tölt. Insbesondere der Tölt ist sehr beliebt , da der Reiter ganz ruhig auf dem Pferd sitzen kann , ohne hin und her zu wippen. Durch einen Beschluß des

---

[21] JANTZEN, Friedrich (1980): Island in Farbe.-Stuttgart.
[22] GOTT Mál (1995): Island-ein Land mit vielen Möglichkeiten.-Rejkjavík.
[23] SEIDENFADEN, Fritz; T. Skarstad (1981): Schule am Rande Europas.-Gießen.
[24] GRIFFITHS, John C. (1969): Modern Iceland.-London.
[25] MICROSOFT (1998):Encarta Weltatlas 1998.

Althing im Jahr 1000 war und ist es heute noch verboten , Pferde nach Island einzuführen , so daß diese Rasse ohne Vermischung weiterbestehen bleibt. Das Pferd spielte eine große Rolle beim Transport (sogar Särge wurden zu Pferd zum Friedhof transportiert) , als Verkehrsmittel und auch als Nahrungsmittel. Noch heute ist Pferdefleisch auf Island sehr beliebt , besonders Fohlenleisch aus den südlichen Landesteilen steht oft auf dem Speiseplan.[26]

Abgesehen vom Campen und Reisen im eigenen Land verbringen die Isländer auch sehr gerne ihren Urlaub im Ausland , beliebtesten Reiseziele sind die südlichen Länder Europas , allen voran Spanien .[27]

Der Nationalsport Islands ist das Schachspiel , so findet man in Rejkjavík öffentliche Schachplätze und auch einige Schachgroßmeister waren Isländer. Neben Schach ist auch Bridge und Schwimmen sehr beliebt , jeder dritte Bürger gehört einem Sportverein an.[28]

Wer den näheren Kontakt zu Isländern sucht , der wird feststellen , daß sie sehr weltoffen und gastfreundlich sind und auf ganz unproblematische Weise ihre Geschichte und die Tradition mit der Aufgeschlossenheit für neueste Technologie verbinden.[29]

Außerdem ist es faszinierend , festzustellen , wie sich die Maßstäbe von denen anderer europäischer Völker unterscheiden. Dies merkt man insbesondere an der Anzahl der Menschen , die von den Isländern als `berühmt´ bzw. `weltberühmt´ bezeichnet werden , da die Bedeutung einzelner Menschen hier natürlich größer ist als in einer der großen Massengesellschaft anderer Länder.

Die Isländer wehren typischerweise alle fremden Einflüsse ab , dafür ist aber die Kontaktfreudigkeit untereinander sehr groß . Außerdem ist die Liebe der Isländer zu ihrer Heimat sehr groß , und sie sorgen sich um die Erhaltung der Natur. So stellt z.B. die Stadt Rejkjavík jedes Jahr im Sommer etwa 100 Jugendliche an , um Tausende von Bäumen in dem Erholungsgebiet am Rande der Stadt , Heithmörk , zu pflanzen . Die Verbundenheit mit der Tradition kann man in Rejkjavík auch an dem Árbaer , dem Freilichtmuseum der Stadt , erkennen , in das alle alten und schönen Häuser , die neuen Bauten weichen müssen , gebracht werden , um der jungen Generation zeigen zu können , wie ihre Vorfahren einst gelebt haben.[30]

---

[26] JANTZEN, Friedrich (1980): Island in Farbe.-Stuttgart.
[27] MICROSOFT (1998):Encarta Weltatlas 1998.
[28] GOTT Mál (1995): Island-ein Land mit vielen Möglichkeiten.-Rejkjavík.
[29] SEIDENFADEN, Fritz ; T. Skarstad (1981) : Schule am Rande Europas.-Gießen.
[30] GOTT Mál (1995): Island- ein Land mit vielen Möglichkeiten.-Rejkjavík.

7. Touristische Potentiale

Zur Zeit ist es noch sehr teuer für Touristen , einen Urlaub auf Island zu verbringen , was allerdings auch positive Auswirkungen hat , da sich so (noch) kein Massentourismus entwickeln konnte .

Ohnehin sind es keine ‛typischen Pauschalurlauber′ , die nach Island kommen , sondern zumeist Naturliebhaber und Individualisten , die sich auch von dem gewöhnungsbedürftigen Wetter nicht abschrecken lassen.

Das größte Problem , vor dem ein Islandtourist steht , dürfte wohl verkehrsgeographischer Art sein , erst ein Drittel der Straßen auf Island sind asphaltiert und Zugverbindungen gibt es keine , einige Dörfer sind so abgelegen , daß sie nur mit dem Schiff oder dem Flugzeug zu erreichen sind.

Die Folge hieraus ist die Überlegung vieler Touristen , das Auto auf dem Schiff mit nach Island zu nehmen , da der Aufenthalt sich dann oft als preiswerter erweist. Allerdings treten auch hier schon die ersten Negativfolgen im Form von Vegetations- und Bödenschäden aufgrund rücksichtslosen Fahrens durch die Natur auf.[31]

Natürlich ist Island in jedem Fall trotzdem eine Reise wert , da man hier , wie nirgendwo anders auf diesem Planeten , mit den Urgewalten der Natur konfrontiert wird , die Landschaften sind einfach einmalig und man kann teilweise dabei zusehen , wie die Insel weiterhin wächst.

Insbesondere für geographisch interessierte Menschen , aber auch für Naturliebhaber und alle anderen ist diese Insel ein Paradies , deshalb gilt sie auch als beliebtes Ziel für Studienfahrten.

Die Isländer sind ein sehr gastfreundliches Volk , die Fremden gerne die Türen zu ihren Häusern öffnen , dies kann man zum Beispiel auf einem Urlaub auf dem Bauernhof erleben. Auf Island haben sich eine ganze Anzahl von Bauern zusammengetan , die diese Art von Urlaub anbieten , es ist auch möglich , eine Rundreise von einem Bauernhof zum nächsten zu veranstalten. Interessant hierbei ist natürlich der Kontakt mit den Menschen , da in Island viel Wert auf Bildung gelegt wird , sprechen die meisten Isländer Englisch, und sie sind bereit , die Touristen an ihrem täglichen Leben teilhaben zu lassen.

Eine andere , preiswerte Art , auf Island zu übernachten , bieten die sogenannten Edda – Hotels. Diese Hotels sind eigentlich Schulen oder Internate , aber da die isländischen Schüler den ganzen Sommer über nicht die Schule besuchen müssen , werden die modernen Schulgebäude zu Hotels umfunktioniert.[32]

---

[31] GLÄSSER, Ewald (1986): Island.-Darmstadt.
[32] GOTT Mál (1995): Island - Ein Land mit vielen Möglichkeiten.-Rejkjavík.

Neben den beliebten isländischen Freizeitbeschäftigungen Reiten , Campen und Wandern werden in letzter Zeit vom isländischen Tourismusverein verstärkt Abenteuerurlaube angeboten. Sportangeln , Gletschertouren ,und Sommerskilauf sind dabei nur einige der angebotenen Möglichkeiten.[33]

Die schönste Art , Island zu bereisen , ist jedoch immer noch die Erkundung der Insel auf dem Pferd . Auf keine andere Art ist man der Natur so nahe und kann problemlos die abgelegensten Stellen erreichen , auch hier werden natürlich Rundreisen angeboten.

In der letzten Zeit gewinnt auch der Wintertourismus auf Island an Popularität , so haben sich schon bedeutende Wintersportzentren entwickelt , die immer mehr Skitouristen anziehen.[34]

1996 zählte man auf Island bereits 200.835 Auslandsgäste und bereits jetzt spielt der Tourismus für die isländische Volkswirtschaft eine erhebliche und zunehmende Rolle , die Einnahmen wurden vor allem für den Ausbau des inländischen Straßennetzes genutzt.

Den größten Anteil an Touristen stellen die US-Amerikaner , gefolgt von Deutschen , Briten und Dänen.

---

[33] GLÄSSER, Ewald ; A. Schnütgen (1986): Island.-Darmstadt.
[34] GOTT Mál (1995): Island- Ein Land mit vielen Möglichkeiten.-Rejkjavík.

Literatur:

EUROSTAT (1996): Portrait der Regionen.-Luxemburg.

FISCHER (1998): Weltalmanach ´99.-Frankfurt a.M..

GLÄSSER, Ewald ; A. Schnütgen (1986): Island.-Darmstadt.

GOTT MÁL (1995): Island – ein Land mit vielen Möglichkeiten.-Rejkjavík.

GRIFFITHS, John C.(1969): Modern Iceland.-London.

JANTZEN, Friedrich (1980): Island in Farbe.-(Kosmos Bibliothek , Band 305).Stuttgart.

MICROSOFT (1998): Encarta Weltatlas 1998.

SCHUTZBACH, Werner (1985): Island-Feuerinsel am Polarkreis.-Bonn.

SEIDENFADEN, Fritz ;T. Skarstad (1981): Schule am Rande Europas.- Gießen.

WELTREISE (1997): Das große Länderlexikon von A-Z.-Stuttgart.

WISNIEWSKI, Winfried (1997): Reiseführer Natur – Island.-München.